유사과학 탐구영역

유사과학 탐구영역 2

2019년 2월 14일 초판 1쇄 펴냄
2024년 5월 17일 초판 4쇄 펴냄

지은이 계란계란

펴낸이 정종주 | 편집주간 박윤선 | 마케팅 김창덕 | 펴낸곳 도서출판 뿌리와이파리
등록번호 제10-2201호(2001년 8월 21일) | 주소 서울시 마포구 월드컵로 128-4 2층
전화 02)324-2142~3 | 전송 02)324-2150 | 전자우편 puripari@hanmail.net

디자인 공중정원, 이경란 | 종이 화인페이퍼 | 인쇄 및 제본 영신사 | 라미네이팅 금성산업

© 계란계란, 2019

값 16,000원
ISBN 978-89-6462-111-0 (04400), 978-89-6462-728-0 (SET)

유사과학 탐구영역

글·그림 계란계란

2

뿌리와
이파리

• 차례 •

유사과학 탐구영역

21. 해독 주스

휴…
다행히 이번 호엔 딱히 생물학 관련 기사는 없구나….

?

너 생물교육과지?

그럼 생물 관련 기사가 있는 쪽이 좋은 거 아냐?

아니지….

혹시 또 새로운 발견이나 논문이 있으면 골치 아프니까.

…왜?

그만큼 공부해야 되는 게 늘어나잖냐!

지금 전공 내용만으로도 머리가 터질 지경인데…

끼익

8

큰일이에요!
우리 몸은 온통
배출되지 못한 노폐물로
오염되어 있대요!!

오늘도 어김없이
또 어디서 이상한 걸
주워들고 나타났구만….

그래… 이번엔 뭐니,
노폐물?

예!

그동안 모르고 있었는데,
우리 몸은 노폐물을
제대로 배출하지 못한대요!

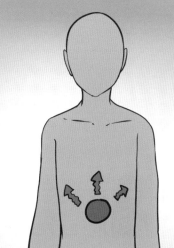

살아가면서 다양한
노폐물이 만들어지는데,
제대로 배출하지 못하니까 몸속에서
계속 독소를 만든다는 거예요!

그 독소가 만성피로,
피부 트러블, 각종 알레르기,
아토피 같은 질환을
일으킨다고 하더라구요!

9

그런데 이번에 개발된
정품 비법 해독 주스!

수십 가지 채소를 갈아 만든
비법 음료인데요.

이 주스만 마시면서
며칠 동안 해독 다이어트를 해주면,
그동안 소화기관이 휴식도 취하고

우리 몸의 노폐물이
변의 형태로 씻겨 내려간다고
하더라구요!

이거 또
이 양반 작품이지.

뿐만 아니라…

부족한 비타민,
섬유소가…

해독, 분해, 세척…

그걸 여기
어디다 뒀는데….

드르륵

복화술은 또 언제 배웠대….

?!

간이 말을 했다…?!

?!

…

그래, 이건 네 간의 정령이 내는 목소리다!

이쪽은 이쪽대로 분위기를 탔군….

애당초 네가 얘기하는 노폐물이라는 게 도대체 뭐냐?

노폐물…,

몸에 쌓이는 찌꺼기 같은 거 아닌가요?

…

노폐물이란 말 그대로
우리 몸에서 사용되고
남아서 폐기되는 부산물을
말하는데…,

넓게 보면 에너지대사의 부산물인
물과 이산화탄소도 노폐물이다.

특히 몸속에서
문제가 되는 건 단백질의 부산물인
암모니아야.

그 외에 수명을 다한 세포,
파괴된 혈구의 부산물,

미네랄이라든가,
뭐 이것저것 있는데….

어쨌거나 대부분의 물질은
일단 간을 한번 통과하면서
사용에 적합한 형태로 바뀌고,

암모니아는
독성이 덜한 요소로
합성된다.

재활용할 것들은
도로 흡수하고,
필요 없는 것들은
밖으로 내보내고.

이렇게 처리된 노폐물은
콩팥에서 걸러져
오줌으로 배출돼.

마찬가지로 유독한 노폐물도
전부 간이 처리하지.

네가 말하는 '해독 주스'는
변의 형태로 독소가 배출된다고 하는데,

우리 몸의 대사 부산물은
전부 오줌 내지는 땀으로 배출돼.
변은 그저 소화되지 못한 찌꺼기라서
독소랑 별 관련이 없어!

아니···,
그런데 정말이라니까요!

아무것도 안 먹고
해독 주스만 마셔도
묽은 변이 나오는데,
이건 독소 아닌가요?

음식물 찌꺼기 외에도
수명을 다해 떨어져나가는 장벽 세포,
장내 미생물의 사체 덩어리 등이
변의 30퍼센트 정도를 차지하는데,
그것들이 배출된 거지.

뼈대를 이루는
음식물 찌꺼기가 없으니
묽은 거고.

그래도….

넌 노폐물이 몸에 쌓이면 그냥 컨디션만 조금 나빠지는 줄 아는 모양인데,

만약 정말로 노폐물 배설에 문제가 생기면 그런 정도로 안 끝나.

콩팥이나 간이 망가지면 노폐물이 서서히 몸에 쌓이는데,

체내 pH 균형이 무너지고 제대로 된 대사 활동이 힘들어지기 때문에, 요독증 같은 증상으로 실신 내지는 사망까지 가게 된다고.

이런데 그 알량한 해독 주스가 노폐물 제거에 무슨 역할을 한단 말이니?

...

그래도...

어쨌거나 해독 주스는 채소·과일 주스나 녹즙이잖아? 그럼 뭐, 건강에야 좋은 거 아닌가?

그래, 그런 마인드로 섭취한다면야 문제는 없지.

오히려 좋지.

하지만 노폐물 제거 운운하면서 애당초 있지도 않은 효능을 과장광고한다든가,

또 그걸 철석같이 믿고 주스만 마시다가 오히려 건강을 망치는 경우가 있어서 문제라는 거야.

...

게다가 그냥 집에서 갈아 마시는 채소 주스랑 거의 차이도 없는 걸, 꼭 자기네 제품만 효능이 있다고 하는 장사꾼도 있고.

이거야말로 오히려 병을 더하는 꼴인...

그만해!!

어그머니, 이게 뭐여!!

가뜩이나 만화에 대사가 너무 많다고 말 나오는데, 아무리 정보를 전달한다 해도 너무 많이 쏟아내면 오히려 듣지도 않게 되고 역효과여!!

어지간하면 이해하기 쉬운 용어로 최대한 간결하게 말하고 끝내야지!

진짜 간의 정령이었어….

그게 아니라, 지금 간 모형이 말을 한다는 게 문제 아닌가?

반면 선동에는 별로 많은 정보를 넣을 필요도 없고, 어려운 전문용어는 넣으면 넣을수록 효과가 크다.

유사과학 탐구영역

22. 피라미드 파워

이 만화는 특정 기업이나 상품을 특정하여 서술하거나 묘사하지 않습니다.

아니, 21세기에 와서
피라미드 파워 얘기를
꺼내냐….

뭐?
가장 완벽하고
조화로운 형태?

예!

정삼각형과
정사각형의 조화!

우주적 에너지를 받아들이는
가장 균형 잡힌 형태죠.

그 당시 인류에게는
이런 구조를 건축할 기술이 없었으니,
피라미드는 외계 문명의 기술로
지어졌다는 말도 있어요!

외계인….

좋아, 그 조화롭고
아름다운 피라미드가
어떻게 생겨났나 한번
짚어보자고.

시대는 기원전 2600년으로 거슬러 올라간다. 경쟁자도 없고 침략도 없는 평화 속에서 고대 이집트 왕국은 번영을 누리며 강력한 왕권을 구축하게 되었다.

지금의 나는 그야말로 왕 중 왕, 하늘의 아들 그 자체가 아닌가…?

※이집트 제4왕조의 1대 파라오 스네프루

파라오시여, 왕 중 왕은 페르시아고 천자는 중국 쪽 아닙니까?

말이 그렇다는 거다, 무식한 녀석아.

아무튼 나도 슬슬 무덤을 만들어놔야겠는데,

이왕이면 일을 좀 크게 벌여볼 생각이다.

이 당시 파라오들은 평생에 걸쳐 국가사업으로 무덤을 만들었는데…

좋아, 네 말대로 피라미드는 외계인이 만들었다는 설정으로 가보자고.

죽…여줘….

이 친구가 외계인이니 아무래도 수학이나 건축에 조예가 깊지 않겠는가?

공밀레… 공밀레….

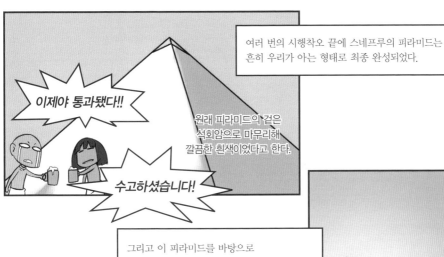

여러 번의 시행착오 끝에 스네프루의 피라미드는
흔히 우리가 아는 형태로 최종 완성되었다.

이제야 통과됐다!!

원래 피라미드의 겉은
석회암으로 마무리해
깔끔한 흰색이었다고 한다.

수고하셨습니다!

그리고 이 피라미드를 바탕으로
쿠푸 왕의 피라미드, 카프레 왕의 피라미드 등
이집트의 도시 기자에 있는 기라성 같은
피라미드 단지가 생겨나게 되었다.

물론 피라미드는 경이적인 건축물이고,
고대 이집트인들의 대단한 수학·건축학적
성취를 엿볼 수 있지만,

어쨌건 이렇게
힘든 역경을 딛고 생겨난 게
피라미드라는 거야.

무게를 이기지 못하고 파손된 부분을
잘 얼버무려놓았다든가 외장 벽돌로 덮어서
슬쩍 감추어놓는 등 인간적(?)인 부분 또한
곳곳에서 발견된다.

가장 거대하고 안정적인 구조를
찾다 보니 저런 모양이 되었고.

물론 국가 역량을
드러내려고 최대한 정밀하게
측량해서 정교한 비율을
갖게 되었지만,

피라미드 배치가
별자리 위치랑 같다는 얘기는
처음 발견되었을 때 어거지로
끼워 넣어보려고 했던 것일 뿐,
사실 별로 관계가 없어.

…

뭔 우주의 계시를 받아
지어진 게 아니란 말이지.

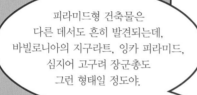

그렇군….

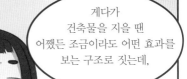

게다가 건축물을 지을 때 어쨌든 조금이라도 어떤 효과를 보는 구조로 짓는데,

만약 피라미드 구조에 정말 영험한 힘이 있었다면, 당연히 대중적인 건축양식이 되었겠지.

으음….

당장 우리나라는 추운 겨울을 나기 위해 건축양식으로 온돌을 이용하잖아.

일본은 고온·다습한 기후를 이겨내기 위해 바람이 잘 통하는 돗짚자리로 바닥을 덮었고.

정말로 피라미드 파워가 있었다면, 세상은 온통 이런 식이어야 할 거다.

…

피라미드형 다가구 아파트

피라미드 파워를 이용한 병원 설계

피라미드 김치 냉장고 (완벽한 보존으로 김치가 안 익음)

유사과학 탐구영역

23. 액상과당

이 만화는 특정 기업이나 상품을 특정하여 서술하거나 묘사하지 않습니다.

새파란 하늘!

푸르른 바다!

신나게 표본 수집하고 갯벌 생물 생태군 조사를 시작하자!

이 화창한 날에 강의실 안에만 박혀 있다가,

모처럼 밖으로, 바다로 나왔다! 그러니…!

하하

망할…

30

?

끼익…

햐…,
안면도는 또
오랜만이네.

오~ 바다~.

언니는 왜
여기에?

…

전
깍두기!

너희 교수님 차에
기자재 실을 데 없어서
내가 용병으로
따라왔다.

난 그냥 운전 용병이니까
손가락 하나 까딱 안 하고
놀기만 할 거다!

♪

어디 다녀오세요?

저녁에 애들 먹일 생선 사러.

표본 채집이랑 분류는 짬 안 되는 얘들이 하고, 나는 식사나 챙기고 그러는 거지.

기껏 바다에 와서 생선을 사요?

아까 교수님께서 저녁거리 구한다고 낚싯대 들고 나가시던데.

......

작년 임해 실습 때도 그 교수님께서 저녁거리 낚아다 준다고 낚싯대 들고 나가셨는데,

월척을 낚기 전엔 돌아오지 않겠다!

멸치 한 마리 못 낚고 한 달 넘게 암초에서 버티다가 끌려 나오셨던 양반이여.

교수와 바다

...

교수는 걸프스트림에 작은 암초와 혼자 낚시. 그는 물고기 복용하지 않고 이미 삼십 일 넘다. - by 구글 번역

…그게 왜?

액상과당이 몸에 얼마나 해로운 건지 모르세요?!

심혈관 질환에 비만, 고혈압, 대사증후군, 아토피, 기타 등등 전부 이 액상과당이 일으킨다고요.

…

…그러면?

같은 단맛이라도 더 건강한 단맛을 내야죠!

보자…

아, 있다!

…꿀?

…이게
건강해?

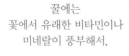

그럼요!

꿀에는
꽃에서 유래한 비타민이나
미네랄이 풍부해서,

옥수수 시럽 같은
액상과당보다 훨씬
건강하다구요!

……?

액상과당은
포도당 55퍼센트에
과당 45퍼센트.*

*비율은 메이커나 용도에 따라 차이가 있다.
과당이 포도당보다 더 달기 때문에
원하는 맛을 내려고 이 비율을 조절한다.

녹말을
포도당으로 분해하고
이를 다시 과당으로 바꿔서
만들지.

옥수수는
가장 많이 재배되는
녹말 공급원이고.

그리고…

너도
광합성 정도는
알지?

그럼요.

식물은 햇빛과 물과
이산화탄소로 포도당을 합성하고,
이를 다시 녹말로 만들어
저장한다.

식물의 몸속에서는
이 녹말이 물에 잘 녹는
설탕으로 바뀌어
수송되거든.

다만
사탕수수나 사탕무는
녹말보다 설탕 형태로
포도당을 저장하고,

인류는
이런 작물들에서
설탕을 직접
뽑아 쓰지.

예.

아무튼 다른 식물들은
이 설탕을 이용해서
벌이나 나비 등을 꾀어들이지.

꿀벌은 이 설탕을 삼키고
소화효소와 섞어서 벌집에
다시 토해내.

설탕은 포도당과 과당이
1대 1로 결합한 거고,

이게 꿀벌의 소화효소로
분해되어 걸쭉한 시럽 형태로
저장되는데 그걸 꿀이라고 하지.

포도당과 과당이
1대 1로 있어.

어…
그럼?!

......

↖ 액상과당

벌꿀이랑
액상과당이…
거의 같은 성분?!

유사과학 탐구영역

24. 켐트레일

이 만화는 특정 기업이나 상품을 특정하여 서술하거나 묘사하지 않습니다.

아니~, 왜 이렇게 발품을 팔아야 되는 겨~.

원래 대기오염 측정이 이렇게 돌아다니면서 일일이 장비를 봐야 되는 거예요?

아니지…. 알아서 데이터가 재깍재깍 들어와야 되는데, 지금은 장비가 고장나서 발품을 파는 거지.

요즘엔 측정 장비 이것저것 때려 싣고 돌아다니면서 실시간으로 측정하는 차량도 있다던데….

왜 그걸 잔뜩
도입 안 하고?

비싸서
그러지….

…뭐해?

어? 바람이다.

아, 혜람이 언니
안녕하세요!

저것 좀
보세요!

저게 그냥
비행기구름이
아니에요!

뭔데…,
비행기구름 말야?

하선이 언니가 지질환경과학과잖어.

지금도 대기오염 측정 장비 만지고 오는 길이다.

......

실시간으로 대기 중의 이산화탄소, 질소산화물, 요즘 이슈가 되는 미세먼지 등을 측정하고 데이터를 공유하는데,

이 일은 주로 각 지역의 보건환경연구소나 기상청에서 하고 있지.

어…

그건 정부에서 측정하는 거죠? 정부가 한통속인데 어떻게 그걸 믿나요! 정부의 앞잡이들이 주도하는데!!

언니, 벌써 정부의 앞잡이 됐음?

…빨리 돼서 연구실 탈출해야 될 텐데 말이다.

못 믿겠다면 뭐…

직접 측정해보면?

예?!

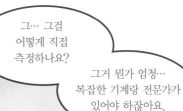

그… 그걸 어떻게 직접 측정하나요?

그거 뭔가 엄청… 복잡한 기계랑 전문가가 있어야 하잖아요.

그럼 그냥 불러서 해봐.

예?

보건환경연구소에 의뢰하면 측정 장비 갖다가 눈앞에서 바로 측정해주고 공증해줄 거야.

…!

보통은 각 사업장에서 폐기물 처리 기준을 지키는지 보려고 측정하는데…,

암튼 항목별로 검사비를 내면 의뢰할 수 있어.

암모니아 1만 8000원, 염소·포름알데히드 2만 원, 불소·비소·시안 2만 원,….

왜, 네 돈 직접 나간다고 생각하니까 못 하겠냐?

…

아니… 상식적으로 남의 나라 상공에다가 그딴 걸 살포하면, 그게 바로 선전포고 아니냐?

시대가 어떤 시대인데. 당장 옆 나라에서 신나게 넘어오는 미세먼지도 전부 보도되는 시국에….

…

정 인구를 줄이고 싶으면 차라리 인피니티 뭐시기 모아서 딱 한번 튕기고 말든가 해야지,

뭐 하러 저렇게 눈에 띄는 방법을 택하겠느냐, 이거지.

이론은 현재까지 검증되고 밝혀진 사실이나 법칙을 바탕으로 논리적인 결론을 이끌어내는 사고 체계를 뜻한다.

으으으...

어쨌든
켐트레일도 결국
매연이잖아요?

그럼 그게
해롭다는 건
변함없잖아요?

※정확히 말하면, 매연보다는 수증기 구름에 가깝다.

...

부르릉 부릉 부르릉

부르릉 부우우웅

유사과학 탐구영역

25. 선풍기 괴담

와~, 날씨 대체 왜 이러냐!

아직 6월인데, 이제 이거 없으면 도저히 안 되겠다….

부웅~

…

감격이다 ㅠㅠ

아니야!

아직도
엄청 많아야!!

오셨어요?

게다가
진짜 문제가
뭔지 알어?

그거 아직도
믿는 어르신들은
말이 안 통해!

절대로 설득할 수 없어.
그게 완전히 확고한 우주적
사실이라고 믿으시거든!!

근데 진짜,
대체 그게 어쩌다
생겨난 괴담인지….

주로 걸고 넘어지는 게,
밀폐된 방에서 켜면
질식해서 죽는다,

아니면
저체온증으로 죽는다,
두 가지 패턴인데.

아니, 선풍기가
숨을 쉬는 것도 아니고
어떻게 산소를 없애냐?

…아니다. 선풍기가 숨을 쉬면
그건 귀신 들린 선풍기잖아.

개나 고양이는 숨 쉬니까,
걔네랑 같이 자면
질식할 수 있다는 말이
차라리 좀 근거는 있겠네.

그럼…
사람을 죽일 수도 있지.

그 선풍기 괴담은
뉴스도 타서 대대적으로
알려졌잖아.

당시 우리나라는
개발도상국이었고
발전량이 부족하다 보니까.

그런 괴담을 의도적으로 퍼뜨려서
조금이라도 전기 소비를
억제해보려던 것 아닐까?

음…
그럴 수도 있었을 것
같은데.

그치?

아니야!
진짜로 선풍기를
두려워했어!

?!

우리나라는 1887년 경복궁에서
처음으로 전기를 이용한
불빛이 켜졌지.

1900년 4월 10일에
처음으로 민간에서
전깃불이 켜졌고.

그 당시 전기를 이용한 괴이한 신기술은 그야말로 두려움의 대상이었어!

현대인들이 새로운 기술에 알려지지 않은 위험이 있을 거라고 두려워하는 것처럼!

1930년대 신문 기사를 보면,

선풍기 때문에 죽었다 ― 잘 때에 주의
1932년 7월 1일자 동아일보

더위를 몰아주는 선풍기도 쓸 탓
―바람이 세면 도로 해롭다
원래 선풍기에 발생하는 바람이라는 것은 말하자면 폭풍입니다. 바로 옆에서 선풍기 바람을 쏘이는 것은 마치 폭풍 이는 날에 밖에 서 있는 것과 같습니다.
1931년 8월 12일자 동아일보

선풍기병
―신기하다는 전기 부채의 해(害), 잘못되면 생명 위험
선풍기가 바람을 일으킬 때 일부분은 진공이 되며, 두통, 호흡곤란, 안면신경 마비가 생길 수 있습니다.
1927년 7월 31일자 중외일보

이런 무시무시한 기사를 앞다투어 써낼 정도였다고.

근데 정말 그것 때문에…, 저희 집도 그런데요.

냉각제로
열을 빼앗아서
차갑게 만든 다음에,
냉각제로
빼앗은 열은
실외기로 나온다.
안에서 팬이 돌면서
다시 그 공기를 방 안으로
뿜어준단 말야.
이것도 선풍기란 말이지.
에구머니나!
할머니, 지금 뭐 하고
계신 거예요?!
?
에어컨의 찬바람도
전부 선풍기로 쏘는 거예요!!!
저거 문 닫고 틀면
질식해서 다 죽는다구요!
아니,
지금 대체
뭐하는 겨?!
전기세 폭탄이다!!

으아아아!
질식한다니까요!!

고르세요!!

창문 열고
에어컨 틀기
vs
밤에 선풍기 켜고 자도
터치 안 하기!!!

그렇게 딜을 걸면,
밤중에 선풍기 켜고 자도
별 간섭 안 하시지
않을까?

......

어림 반 푼어치도
없을 것 같은데….

대드는 거냐고
뚜디리 맞겠지?

괜찮아, 안 죽어

혀에 안 좋음

…왜요?
전자레인지는 분자 변형이
안 일어나는 안전한
조리 기구라면서요.

안 일어나니까
그러는 거다!

음식의 단백질과 당질이
열을 받아 변하는 걸
'마야르 반응'이라고 하지.

치이이이—

고기를 구울 때
풍미가 변하고 맛이 좋아지는 건
전부 분자 변형의 결과라고.

전자레인지는
그런 게 하나도
일어나질 않으니,
안전이야 어떤지 몰라도
맛은 완전 꽝이거든!

프라이팬에
구워달라고!

…

분자 변형
팍팍 일어나게!!

유사과학 탐구영역

26. 음이온

음이온
얘기를 하기 전에
우선 '이온'부터 얘기하고
넘어가자.

전자(e^-)를
잃거나 얻어서 전하($\pm$)를 띠는
원자나 원자 결합체를
이온이라고 하는데,

Na^+ 양이온

Cl^- 음이온

아, 음이온!
들어봤어요!

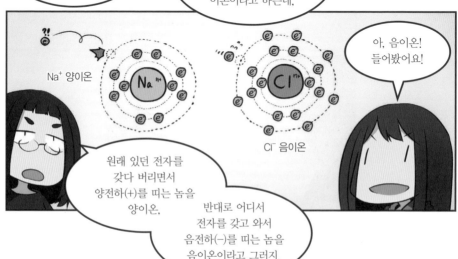

원래 있던 전자를
갖다 버리면서
양전하($+$)를 띠는 놈을
양이온,

반대로 어디서
전자를 갖고 와서
음전하($-$)를 띠는 놈을
음이온이라고 그러지.

약장수들은 진짜
효과가 있는 입자가 뭔지는
말 못하고, 그냥 음이온이라고
뭉뚱그리거든.

왜냐하면, 사실
간단한 방법으로 무작정 건강을
좋게 하는 이온은
없으니까!

그리고…

뭔 음이온이 나온다는 원리도 황당
그 자체여. 폭포에서 떨어진 물이 바닥에
부딪히면 입자가 깨져서 음이온이 나오기 때문에,
숲속 계곡에 가면 건강이
좋아진다고 하지.

물이 깨져봤자
나올 게 수소랑 산소 내지는
수산화이온뿐인데,
그럼 나이아가라 폭포에서는
수소 때문에 허구한 날
폭발이 일어나야 할 거다.

소금 같은 물질은
물에 녹으면 극성*을 띤
물 분자가 끌어당기고 있어서
이온 상태로 존재하겠지만,

대기 중에서는
물질이 이온화되기도
쉽지 않고,

설령 이온화되었어도
그 상태를 얼마 유지하지 못하고
금방 다른 입자랑
결합해버릴 텐데.

*물 분자(H_2O)는 산소 원자(O)가
부분적으로 음전하를, 수소 원자(H)가
부분적으로 양전하를 띤다.

한때
음이온 방출하겠답시고
안에 고전압의 전극을 설치해서
공기를 이온화하는 공기청정기가
대세인 적이 있었어.

고전압을 받은 산소는
일시적으로 불안정한
이온(O_2^-)이 되는데,

곧바로 다른
산소 분자(O_2)와 결합해
오존(O_3)이 되어버리지.
근데 또, 그게 좋답시고
'오존발생기능 탑재'
이러고 있었다고.

오존···, 오존층은
자외선을 막아주는
좋은 역할을 하지
않나요?

지상이 아닌
오존층에서야 애가
자외선을 차단해주는데,

어쨌든 오존은
굉장히 불안정한 분자라서,
빨리 산소 원자 하나를 다른 놈 주고
안정적인 산소가 될
생각밖에 없어.

오존은
그 강력한 산화력 때문에
살균·소독용으로 쓰일 정도지.

?

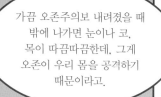

가끔 오존주의보 내려졌을 때 밖에 나가면 눈이나 코, 목이 따끔따끔한데, 그게 오존이 우리 몸을 공격하기 때문이라고.

아무튼 오존의 유해성이 크게 알려진 요즘에는, 생성되는 오존을 걸러낸다고 광고하는 제품이 늘고 있지.

몸에 좋다며 음이온을 배출하겠답시고 굳이 전극을 걸어 오존을 만들어낸 다음에, 이번엔 또 그 오존을 걸러내겠다는데 이게 대체 뭘 하려는 건가 싶다. 정말.

그야말로 전기 낭비 그 자체.

...

어떤 연구에서는 음이온 발생기를 쓰면 공기 중에 음이온이 1세제곱센티미터당 수천~수만 개 정도로 증가한다는데, 뭔가 효과가 있지 않을까요?

앞서 말했지만 그 음이온이 무슨 이온을 말하는지도 모르겠거니와,

그냥 음이온의 개수만 따지더라도,

기체의 종류에 관계없이, 섭씨 0도 1기압에서.

1세제곱센티미터 안에 있는 기체 분자는 약 2.69×10^{19}개인데,

$1/269000000000000$

좋아. 진짜 잘 쳐줘서 그 안에 음이온이 10만 개가 있다 쳐도 농도가 269조 분의 1이다. 그 농도에 무슨 의미가 있을까?

그나마 발생된 음이온도 곧바로 평범한 기체 분자로 되돌아가거나 다른 입자랑 결합하지.

…

그래도 이런 음이온 발생기는 실제로 음이온을 발생시키려는 노력을 했다는 점에선 칭찬해줄 만해.

오존도 만들어내지만….

어쨌거나 기체 입자를 이온화하려면 에너지가 필요하지.

엄청난 열을 가하건 높은 전압을 걸건, 어쩌건 간에.

에너지가 필요….

그래, 이것들아!
돌에서 나오는 에너지는 딱 하나밖에 없어!
그게 방사선이라고 하는 거지!
모든 방향으로 방사되는
전자기파 선(Ray)이니까 방사선!

불안정한 원소가
더 안정한 상태가 되면서
잉여 에너지를 방출하는 것!
그것이 방사능이다!

니들 말마따나
그렇게 저절로 에너지를
방출하는 것들을 방사성 물질이라
그러는 것이고!

그중
제일 굉장한 놈이
바로 이 플루토늄-239!!

그 플루토늄이
일정 이상의 질량으로
뭉치게 되면!!

엄청난 에너지가
방출되지!!

그래.
방사선이라도 내뿜으면서
기체 입자를 이온화하는
방법밖에 없지.

그런데 아무리
음이온 마케팅에 눈이 멀었겠기로서니,
방사선을 뿜는 광석을 쓰지는
않을 것 아니냐!

그러니까 그런
게르마늄 팔찌는 진짜
아무런 효과도 없으면서
무슨 효과가 있는 양 팔아제끼는
사기에 가까운 물건이라고!

그렇구나….

유사과학 탐구영역

27. 발바닥 건강패치

현대인의 86퍼센트는 만성피로로 고통받고 있다고 하죠! 제가 얼마 전에 알아봤는데, 가장 큰 원인은 발에 있대요!

발은 우리 체중을 모두 떠받치고 있을 뿐 아니라,

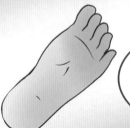

우리 몸의 건강이 전부 발 건강에 달려 있다지 뭐예요!

어….

빠져나온 노폐물을 직접 보니까 신기하다고 그랬지?

갠 노폐물이 아니라 그냥 증류수만 부어도 그렇게 갈색으로 끈적하게 뜨는 물건이야!

수분에 닿으면 색이 변하고 끈적해지는 성분이 위쪽의 흰 종이로 배어나는 것뿐이지.

굳이 사진으로 보여주고 '노폐물이 빠져나왔어요!'라고 말하는 건 진짜 양심이 없는 거고.

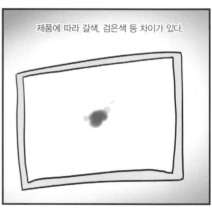

제품에 따라 갈색, 검은색 등 차이가 있다.

그래도, 이거 광고 보면 노폐물 검출 결과도 써놨는데요?

곰팡이 같은 치명적인 것들도 빼준다고요!

나트륨, 콜레스테롤, 지방, 요소, 요산 및 세균, 효모균, 곰팡이가 검출되었다고 써놨지?

이건 그냥 땀이 배출되었다, 그뿐이야.

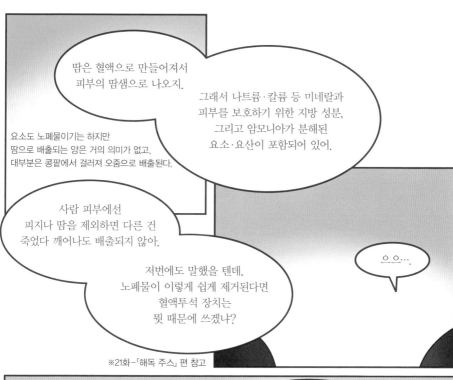

땀은 혈액으로 만들어져서
피부의 땀샘으로 나오지.

그래서 나트륨·칼륨 등 미네랄과
피부를 보호하기 위한 지방 성분,
그리고 암모니아가 분해된
요소·요산이 포함되어 있어.

요소도 노폐물이기는 하지만
땀으로 배출되는 양은 거의 의미가 없고,
대부분은 콩팥에서 걸러져 오줌으로 배출된다.

사람 피부에선
피지나 땀을 제외하면 다른 건
죽었다 깨어나도 배출되지 않아.

저번에도 말했을 텐데,
노폐물이 이렇게 쉽게 제거된다면
혈액투석 장치는
뭣 때문에 쓰겠냐?

으으….

※21화-「해독 주스」편 참고

아니, 그리고
곰팡이랑 효모, 세균은
왜 언급하나 모르겠네.
공기 중에 있던 미생물이 땀에 찬
패치에서 증식한 건데,

'우리 제품은 미생물
오염에 취약합니다'라고
어필하는 건가…?

하여튼….

하다못해 세탁용 세제만 해도 그렇지.

처음에는 그냥 얼마나 세척이 잘 되고 잘 헹궈지는가, 그 두 개만 잘 알리면 되었다네.

하지만 서서히 관심이 옮겨가면서,

소비자들은 세척력만이 아닌 그 이상을 요구하기 시작했지. 친환경이니 천연 성분, 건강 같은 걸 찾기 시작했다네.

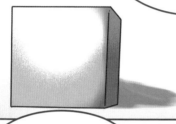

그러다 보니 별 효용도 없는 천연 베이킹파우더나 발포 구연산 세제도 나오고, 심지어는 세제를 쓰지 않는 음이온 세탁볼까지 나오는 상황일세.

자연스럽게 기존 제품은 시장에서 사라지고,

소비자들이 원하는 음이온, 천연, 이런 것들이 점차 대세가 되어가는 거지.

그러다 보니 공기청정기도 음이온을 방출하려다 오존을 뿜어내고,

침대도 음이온을 방출해야 한답시고 뭔 희토류 분말을 코팅해 방사성 라돈 가스를 뿜어내는 제품이 나오는 지경에 이르렀다네.

유사과학 탐구영역

28. 생광석 에너지

…

혜람이 언니,
저번에….

응?

얼마 전에
저런 게 새로
생겼거든요.

저런 거?

생광석…
치유센터?

왜 무슨…
우리나라에서만 나는
광물로 만든 찜질기가 있는데,
그게 생명 에너지를 뿜어서
몸을 치유한다더라구요.

뭐니,
그건 또…?

그래…
전단지가 있구먼.
어디 보자.

생광석은 하늘이 주신 고귀한 생명 에너지!

◈ **인체의 세포**

– 인체는 약 60조 개 세포로 구성된 복합 생명체! 세포 기능 균형과 활성으로 건강이 좌우됨.

– 세포는 9.36마이크로미터의 빛에너지로 분자운동을 함.

– 이 운동이 활발할 때 몸이 따뜻해지고 혈액순환이 원활하므로 면역력과 자연치유력 강화.

(NASA에서 4~16마이크로미터의 에너지가 인체에 유익함을 밝혔음!)

◈ **생 광 석**

– 자체에서 세포 활성 에너지를 방사하는 지구 유일의 광석!

(섭씨 25도에서 9.36마이크로미터의 에너지를 강하게 방사함.)

– 생광석 전신 활성 가온기에서 건강관리로 체온이 0.6~2도 상승하여 3~4시간 정도 지속됨.

– 땀샘, 피지샘으로 각종 노폐물(화학물질, 발암물질, 중금속)을 배출하므로 세포 활동이 왕성해짐.

◈ **효 과**

비만 해소, 피부 건강 개선과 예뻐짐, 소화 기능 강화로 숙변과 변비 해결, 고혈압 등의 질병 치유에 도움. 특히 암/성인병 예방과 치유에 절대적인 도움을 줌.'

그런데
이거…

원적외선이
생명 에너지로
바뀐 부분을 빼면.

저번
찜질방 광고랑
다른 게 없네요?

그렇지?
건강 장사라는 게,
결국 레퍼토리가
뻔하거든.

※1권 12화−「체온과 찜질방」 편 참고

그도 그럴 게,
저 치유센터가 그때 그
찜질방을 뜯어고쳐서
다시 개장한 데거든요.

……

하…
뭐 일단, 세포
운운하는 소리는
논할 가치가 없고.

분자운동을
하면 하는 거지
생명 에너지는 뭐야.

세포 활성
에너지가
대체 뭐야…?

나사에서 4~16마이크로미터의
에너지가 몸에 좋다고 그랬다고?

그 파장대의
에너지는…

…그냥
적외선인데.

참고로 지구가 태양으로부터
받은 에너지의 대부분이
이 파장대의 적외선으로
다시 방출된다.

엌ㅋㅋㅋ

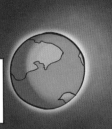

대기 중에서도
땅에서도 뿜어져 나오니
원 없이 쐬고 있는 셈.

노폐물…
이것도 헛소리고.

땀샘에선 죽었다 깨도
땀 말고는 아무것도
나오지 않아.

중금속이
땀으로 배출된다면,
중금속 중독으로
고생할 이유가 없지.

땀 한번
좍 빼면 배출되는걸.

그러고 보니
그 체온이랑…
면역력 운운하는 이야기는
요즘 엄청 많던데요.

중금속은 지방에 달라붙어
쌓이기 때문에, 거의
몸 밖으로 배출되지 못한다.

체온이 올라가면
면역력이 올라간다고….

하지만 뇌가
정상 체온을 유지하기로 설정하면,
밖에서 아무리 원적외선이니
생명 에너지를 퍼부어도
아무 소용 없어.

외부에서 열이 가해져서
체온이 올라가려고 해도,
우리 몸은 땀을 배출하는 등
여러 방법으로 다시 열을 낮추거든.

피부의 온도는
변할 수 있지만,

몸 안에 있는
중요한 장기의 온도는
변하지 않지.

만약
외부에서 들어온 열로
체온이 변한다면,

그건 사람…,
항온동물이 아니라
변온동물이지.
파충류다 이거여.

다만 최근에 병원에서 시행하는
고주파 온열 암 치료에서는
적외선을 집중적으로 쬐어 체내
특정 부위의 온도를 올리기도 한다.
하지만 이러한 치료는 흔히들 말하는
원적외선의 효능과는 관련이 없다.

아니,
이게 무슨
소리야?!?

Error

유사과학 탐구영역

29. 신비한 육각형 침대

육각형….

자연에서는 심심치 않게 찾아볼 수 있는 형태다.

육각형으로 금이 간 주상절리 지형이라든가

대표적인 것이 벌집이고,

곤충의 겹눈 등 여러 곳에서 육각형 구조를 찾아볼 수 있다.

왜 그럴까?

역시 그 육각형 구조에
뭔가 신비한 섭리가
깃들어 있는 게 분명해요!

신비…

뭐…, '신비한'은 빼고
자연의 섭리는
맞는 것 같다.

?

쉽게 말하자면,
육각형이 제일
만만한 구조기
때문이지.

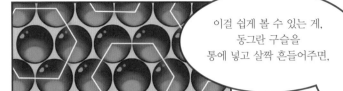

이걸 쉽게 볼 수 있는 게,
동그란 구슬을
통에 넣고 살짝 흔들어주면,

사이사이에
끼어들어서
육각형 구조가 되지.

우유 위에 떠 있는
동그란 모양의 시리얼을
숟가락으로 살살 흔들어줘도
육각형 구조가 만들어지지.

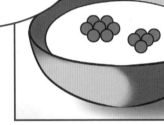

그러니까 벌들이
무슨 기하학적 지식이 있거나
우주적 계시를 받아서
육각형 집을 짓는 게 아니고,

끼리끼리 맞닿은 외벽은
녹아서 육각형이 되고
안쪽은 대부분 원형을 유지한다.

걔네는 그냥
원형으로 방을 촘촘하게
만들 뿐인데,

그게 자연스럽게
육각형이 된다는
말이야.

아~.

과학이라는 말을
교묘하게 이용해서
무슨 굉장한 효능이
있는 양···.

그런 것들을···

하나하나
주워섬기는 건
이미 낡은 수법이야.

하선이 언니?

이제는
융합의 시대다.

융합···?

– 세계 최초 –
강력한 치유 에너지 **스칼라 파워**가 나오는
육각형 침대!

1. 스칼라 파워로 만성적인 신체 질환의 완전 회복

※인위적으로 생긴 질환은 회복되지 않습니다.

2. 원적외선 방출로 면역력 증가 및 세포 운동의 활성화, 혈액순환 촉진

3. 깊고 편안한 숙면. 행복 호르몬 세로토닌과 활성산소 제거 호르몬 멜라토닌 증가

4. 기감(직감, 육감, 예감, 영감) **능력과 집중력 향상**

5. 마음의 상처 치유. 가슴앓이, 트라우마, 우울감, 스트레스, 잡념을 해소하는 도파민 증가

6. 지구자기장의 영향(피부 노화, 주름) **최소화**

7. 원하는 대로 이루어지는 정신 에너지(Psy Power) **증가**

※육각형 침대는 의료 기구가 아닙니다.

와~ 아까 그건
진짜 컬처 쇼크다.

뭔가 발상이
굉장히 과격하게
나갔다는 느낌인데.

그것도 그
영감태기 작품인가.

만나면 진짜
한마디
해줘야…

엇, 그 영감태기다!

아니, 그러니까 이건
신빙성이 너무
떨어지지 않는가!

영감님, 이번 제품은
좀 너무 간 것
아닌가요?

그 육각 침대는
너무 많이
나갔다니까!

임자, 그건 더 이상
건강 제품이 아니고
주술이야, 주술!

…얼래?

육각형에는
우주의 신비가
깃들어 있어!

자연의 많은 것이
육각형으로 되어 있다는
사실만으로도
알 수 있지!

…육각형 얘기는
만화 도입부에서 했으니
그건 넘어갑시다.

만화 도입부??
뭔 말인가,
그게?

육각형 침대의
스칼라 에너지는
우주 만물을 원래대로
되돌려주는 힘이거든.

따라서….

스칼라는 벡터에
대비되는 개념으로,
방향을 고려하지 않고
크기만을 나타내는
물리량인데,

대체
스칼라 에너지라는 게
어디서 나온 말입니까?

뜬금없이
아무 관계도 없는
테슬라랑 아인슈타인을
언급하더라고.

와~ 게다가 이것 좀 봐.
"인위적으로 만들어진 질환은
치유되지 않습니다",
"본 제품은 의료 기구가 아닙니다"?

당연하지.
그래야 단속에
안 걸리니까.

아무 효능을 못 봐도 문제 없게
도망갈 구석도 제대로
마련해두셨네.

그래, 이건
의료 기기도 뭣도 아니야!
그래도 사람들은
이런 제품을
병원보다 신뢰한다!!

그게 싫다면
그 잘난 지식으로 당장
사람들을 각성시켜봐라!

...

어쨌거나 세상에는
합리·논리로 딱 나눠 떨어지는
차가운 것이 아닌, 생명과 신비
그리고 따뜻한 영적인 힘에
기대고자 하는 사람들도
분명히 있다!

유사과학 탐구영역

30. 토르말린과 건강 제품

아~ 이건 그런 가짜 건강 상품이랑은 다르다니까.

이건 토르말린이라는 건데…

보석이라구.

애는 전기석이라고도 하잖아. 압력을 주면 진짜로 전기가 나온다고.

그래서 친환경 생체 에너지가 나온다 그러더라.

그 특성으로
주변의 전자파를 흡수해서
몸에 이로운 에너지로 바꿔
내뿜어주기 때문에,

피로를 풀어주고
노폐물을 분해·배출하면서
항산화 작용까지 한다고.

음이온이
나온다구.

……

뭐… 좋아.
그런 너에게
이런 제품을
추천해주겠다.

뭔데…?

115

자동차 성능 개선제

믿을 수 없는 효과지만, 30분만 체험해보시면 믿을 수 있습니다!

〈효과〉

1. 엔진 출력이 좋아집니다(평균 15퍼센트).
– 액셀을 밟을 때 힘이 30퍼센트 이상 덜 들어갑니다.
– 발의 피로도 확연히 줄어듭니다.

2. 연비가 높아집니다.

3. 차 내부의 냄새 제거에 효과가 있습니다.

4. 몸에 이로운 원적외선, 음이온이 발생되어 피곤함이 줄어듭니다.

5. 차량 소음이 줄어듭니다.

6. 최소 4년 이상 효능이 지속됩니다.
– 장착 후 30분이면 출력이 좋아집니다!!
– 단순히 차 안에 두는 것만으로도 효과를 발휘합니다!

〈주의사항〉
절대로 뚜껑을 개봉하지 마십시오!(효과가 없어집니다!)
개봉된 제품은 반품이 불가합니다.

…이 깡통을
차 안에 두기만 하면
엔진 효율이 올라가고
연비가 좋아진다고?

뉴스 기사도
있다구.

'인체는 노화될수록
혈류의 흐름이 약해지고
불규칙적이 되어 질병의
위험에 노출된다.'

'자동차도 마찬가지다.
중고차는 전기 배선이 노후되어
전류가 불규칙적이고 출력이 약해지며
소음, 진동, 그리고 연료 소비가 늘어난다.'

'이 제품은 지속적이며
균일한 파동 에너지로
전류를 원활하게 하여,
자동차 성능 개선, 엔진 소음 감소,
연비 증가의 효과를
가져다준다.'

그 원리는 바로,
보이지도 않고
이해하기도 쉽지 않은
양자 에너지!

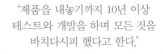

'제품을 내놓기까지 10년 이상
테스트와 개발을 하며 모든 것을
바치다시피 했다고 한다.'

*EMP(Electro-Magnetic Pulse): 전자기 펄스.
강한 전자기파로 주변 전자기기를 망가뜨린다.

※1권 2화-「전자파 차단 스티커」편 참고

육즙 살살 녹는다

유사과학 탐구영역

31. 블루오존 세척기

아니 도대체~,

날씨 대체 이거 왜 이러냐~.

작년은 50년 만의 폭염이었고 올해 또 신기록이라던데, 매년 갱신하는 겨? 뭐여 이거?!

야, 떠들지마. 더 더워.

냉장고에 집에서 씻어온 방울토마토 있는데…, 그거라도 먹을까요?

오~ 좋지.♡

오존…?

…왜요?

옛날에 오존 세척기 관련해서 엄청 시끄러웠던 사건이 있거든.

아, 아니….

오존이 무슨 기체인지는 알지?

오존… 오존층….

보통 산소 분자(O_2)는 산소 원자 2개가 붙어 있는데,

오존(O_3)은 산소 3개가 결합한 거야.

자연에서는 주로 자외선, 인공적으로는 전기에 의해서 결합이 깨진다

강한 에너지에 의해 산소의 결합이 깨진 다음,

산소 원자 3개가 모여서 오존이 되지.

?!

전자 내놔라!

오존은 굉장히 불안정한 분자라서,

산소 원자 하나를 다른 놈한테 빨리 떠넘길 생각뿐이지. 즉, 산화력이 강하다는 말이야.

산화…?

그래. 말 그대로 산소 원자가 와서 결합하는 거. 전자를 잃으면 산화, 얻으면 환원….

'전'자를 어'드'면(얻으면) '환'원으로 외웠는데.

소독약으로 쓰이는 과산화수소수를 상처에 바르면

산소 기체가 맹렬하게 발생하는데,

과산화수소가 세균의 세포와 무차별적으로 산화 반응을 해서 상처를 소독하는 거지.

한 놈만 걸려라.

오존은 그런 과산화수소보다도 몇 배나 반응성이 강하거든.

그렇게
반응성이
좋다면

당연히 살균력도
좋겠네요!

세균… 세포와
반응… 산화….

어라?

잠깐,
근데 그렇다면,

사람 세포도
파괴하는 게…?

그걸 스스로 깨닫다니
좋은 이해력이다.

You're
pretty
good!

강력한 살균, 소독…,
이게 사람, 세균
가리지 않거든.

오존주의보가 있을 정도로 대기 중의 오존은 위험한 물질이지.

주로 자동차 배기가스에 있는 질소산화물이 자외선에 의해 분해되어 오존이 발생하고,

이 오존이 또 배기가스에 있는 이산화황이랑 반응하면서 여러모로 문제가 되지.

광화학 스모그

오존은 주로 사람 점막을 공격해서, 오존 농도가 높으면 눈·코가 따끔따끔하고 목이 칼칼해지거든.

오존에 오래 노출되면 기관지염이나 폐렴에 걸리기도 하고.

반응성이 크고 불안정한 만큼 금방 사라진다는 장점은 있어.

산업 현장에서 살균·소독하는 데 활용되는데, 어쨌든 사람이 없고 탁 트여 환기가 되는 곳에서나 쓰인다고.

근데 옛날에 오존을 발생시키기만 하고 딱히 제거하지는 않는 세척기가 버젓이 판매된 적이 있었거든.

가정에서 쓰이는 물건인데 유독한 오존이 마구 퍼져 나왔으니 문제가 크게 됐었지.

아, 그래도…

유사과학 탐구영역

32. 천연 효모

이 만화는 특정 기업이나 상품을 특정하여 서술하거나 묘사하지 않습니다.

마트 가는 길이세요?
뭐 사시려구요?

…물, 휴지, 세제.

겁나게 무기질적이어라.

빵…?

밥하기도 귀찮은데
빵이나 좀 사다놓고
먹어야겠다.

동네앞 베이커리 Townfront Bbanghouse

천연…
효모?

모르셨어요?
요즘은 죄다
천연 효모로
빵을 만든다던데.

천연 효모는 뭐야…?
그럼 인공 효모가 있다는
말인가?

애초에 효모는 생물체인데
인공 효모는 뭐지?
아예 DNA부터 세포소기관까지
사람이 직접 만들었나?

아니야…. 아무리 그래도
세포를 완벽하게 만들어냈다는
말은 아직 들은 적이 없어.
반대로 접근해보면…?

효모의 기능을 갖춘
초소형 나노 로봇을
말하는 것일 수도 있겠다….

아니다.
백문이 불여일견이라고
직접 한번 물어봐야겠다.

효모가 산다는
그 건포도 역시 자연산 야생
천연 포도인가요?
아니면 인간의 손을 거친
상업적 인공 화학 포도인가요?

그게….

전부 개량된
재료를 쓰는데, 그게 어떻게
천연 효모입니까?
효모도 마찬가지로
인공 화학….

아니다.
좀 더 자극적으로…
'인조합성화학 효모'라고
해야겠죠?

천연 효모는 요즘 트렌드인
사워도우를 만드는
제빵 발효에서 사용되는 거죠.

옛날에 빵을 만들 때는,
무작정 밀가루 반죽을 놔두어서
자연적으로 운 좋게 발효되어
부풀기를 기다리거나,

아니면 여러 번 접어서
얇은 층으로 바삭하게 만들어
구워 먹었죠.

안 부푸는 경우가 부지기수.

시간과 노력이 너무 많이 들어가
지금도 만들기가 쉽지 않다.

그러다가 어느덧
경험적 지식이 쌓여,
포도 같은 과일로
유산균과 효모를 배양해서
사워도우를 만들게 되었는데,

그 신맛이
빵 본연의
맛이라니까요!

사워도우에서는
유산발효가 함께 일어나기 때문에
특유의 신맛이 있죠.

뭐… 옛날 사람들은
그 본연의 신맛이
마음에 들지 않았는지,
빵에 소다를 넣는 등
신맛을 중화하려고 노력했죠.

그러다가 곡물을 이용한
양조가 활발해지면서
양조에 사용되는 효모를
빵 반죽 발효에도 사용했는데,

신맛 없이
빠르게 안정적으로
발효를 할 수 있게 되자
제빵 기술은 빠르게 발전했죠.

주로 맥주 효모가 사용되었다.

이윽고 19세기에 들어
미생물학이 발전하면서
효모의 존재가 밝혀지고,
빵 만들기에 더 적합한 효모를
찾아내고 개량하기 시작했죠.

어떤 효모가 잘 부풀리는지,
얼마나 맛있는 향을 내는지,
어느 효모가 부드러운 빵을 만드는지.

효모의 차이가
완성된 빵의 품질에 제법 큰 차이를
가져다주었기 때문에,
마침내 빵이 아닌 효모 자체가
수출품이 되었다고 하는데요.

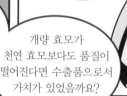

…

개량 효모가
천연 효모보다도 품질이
떨어진다면 수출품으로서
가치가 있었을까요?

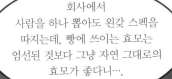
회사에서 사람을 하나 뽑아도 왼갖 스펙을 따지는데, 빵에 쓰이는 효모는 엄선된 것보다 그냥 자연 그대로의 효모가 좋다니….

수천 년간 농산물을 개량한 인류의 노력은 싹 무시하고 무조건 자연 그대로가 좋다…, 이런 말은 문제가 있는 것 같은데요.

완벽하게 인공적으로 훈련된 인재.

뭐… 사워도우의 이점을 다룬 연구나 논문들이 나오고 있기는 하죠.

그래도 뭔가 천연 효… 아니, 사워도우에 장점이 있으니까 이제 와서 재조명되는 게 아닐까요?

역시!

특히 흰 밀가루를 이용했을 때, 사워도우로 만든 빵이 기존 제빵 기술로 만든 빵에 비해 혈당치 상승 속도가 느리다고 하더라고요.

역시 건강에 좋잖아요.

다만 흡수되는
당분 총량에는 차이가 없었고,
통밀·호밀빵은 제빵 방법에 관계없이
영양 흡수에 큰 차이를
보이지 않았죠.

건강을 위해서라면
그냥 통밀·호밀빵을 먹는 게 낫죠.

유산발효가
일어나니까…

유산균이 주는
이점은 없을까요?

…유산균은
제빵사분께서 섭씨 200도의
온도로 30분간 모조리
불태워버리셨습니다.

아아앗! 저주하겠다!

인간 놈들.

먼저 가서 네놈들을
기다리고 있겠다고!!

…

구웠잖아요.

옛날 제빵 방식을
재조명하는 것도 좋고,
특유의 신맛이 취향에
맞는 사람들에게는 정말
좋을 수도 있죠.

하지만 그렇다고
제빵이 발전해온 역사와
효모의 발견·개량을 무조건
비난하는 건 아니라고
보는데요.

으음….

유사과학 탐구영역

33. 지진운

오, 안녕.

…얘는 또 왜 이러고 있어?

…안녕하세요.

뭔데, 뭘 보고 그러고 있는 거야?

구름….

구름?

네.
구름 모양이…

구름이 또 왜?

음~ 구름 모양이랑
지금 맥락을 보면,
아마 '지진운' 얘기가 나올 것
같구나.

네.

깜짝

갑자기 뭔데?
이 영감쟁이 어디서
튀어나왔어?

아니, 그보다
지진운은
대체 뭔데?!

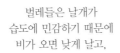

벌레들은 날개가
습도에 민감하기 때문에
비가 오면 낮게 날고,

그걸 먹으려는
제비도 낮게 날죠.
개미도 습도를 감지해서
집을 보수하는 거고.

이런 관찰이 축적되어
그런 속담이 생겨나죠.
그래도 여기에는 어떤 원리가 있는데,
지진운은 아예 과학적 근거가
없잖아요!

어쨌거나
우리 조상들의 지혜가 담긴
속담에 그런 과학적 원리가
있다는 사실은
인정하겠지?

……

자, 그럼
우리 조상들이 남긴 기록에서
지진에 관한 지혜가 담긴 부분을
보도록 하자.

151

'무릇 재해란 미리 대비하여 막을 수 있는 것입니다. 물길을 다스려 가뭄과 큰비를 대비하고 고랑을 깊게 파 곡식을 추위로부터 지킵니다. 또한 하늘의 별을 자세히 관찰하면 재해가 언제 시작하며 끝날지 알 수 있으니 이는 큰 걱정이 아니올시다. 다만 지진, 혜성과 같은 변괴는 하늘이 땅의 부덕함에 노여워 일으키는 것이니 두려워할 수밖에 없습니다.'

?!

아니… 잠깐만요.
지금 문맥상 뭔가 지진을
예측할 수 있다는 이야기가
나와야 되는 거 아니에요?

지진을 어떻게 미리
알 수 있는 방법이 없으니
무섭다는 말인 것 같은데….

맞아. 우리 조상들도
지진을 예측할 수 있는
현상은 찾지 못했어.

예…?

실제로 옛날에는
하늘을 관측하고 절기와 가뭄,
홍수를 예측하는 천문관이
따로 있었어.

절기마다 일어날 재해를
농민들에게 경고하고
농사에 대한 조언을 했지.

게다가 하늘에 새로운 별이 나타나거나
희한한 구름이 나타나면 전부 일일이 보고하며
변괴가 있을까 두려워했다고.

상당히 자세하게
기상 현상들을 기록하고
정리하여 예측했지만,

지진에 관해서는
그런 기록이 없지.

아니,
그래도 분명
지진운 같은 현상이….

뭐, 그런 이야기는 많이들 있지.
갑자기 개미나 벌 등 여러 곤충이
떼 지어 이동하거나,

두꺼비나 개구리가
알을 낳는 활동을 갑자기 멈추거나,
심해에서 사는 물고기가 떼 지어
수면으로 올라온 이후에
지진이 일어났다….

하지만 생물들이
그런 행동을 보였을 때 전부
지진이 일어나지도
않았고,

반대로
지진이 일어났을 때
꼭 저런 이상한 행동을
하지도 않았지.

157

유사과학 탐구영역

34. 물의 온도

鶏卵
鶏卵

그러니까…

니들 말을
정리해보면,

결국 체온과 동일한 온도로 흡수되는데, 굳이 냉수를 마신다고 더 좋을 이유가 없단다.

요즘은 뭔 술에도 산소를 넣었다고 그러는데, 위장으로 숨을 쉬는 것도 아니고 아무 의미 없거든.

그리고…

……

그럼 다음… 도원이가 뜨거운 물 한번 읊어보거라.

좌악

물맨 붐은 온다!!

뭐, 원솔이는 애당초 잘못된 주장을 했으니 저렇게 아쿠아… 아니, 물귀신이 됐지.

옳은 말을 한다면 문제없을 것이다….

물은 따뜻하게 마셔야 합니다!

냉수가 폐 질환의 원인이라고 하네요! 흡연보다도 더 안 좋다고 그러는데요!

으아아아!
난 정말 진실을
얘기하고 있단
말이다!!

그만둬!!

…아직 목소리가
팔팔한 걸 보니
물이 뜨뜻미지근한가벼.

찬물이 건강에
좋다는 말도 근거가 없지만,
찬물이 폐 질환을 부른다는 소리는
어이도 없구먼.

아니, 체온이 떨어져서
질환이 생긴다면, 당장 물이
타고 넘어가는 식도랑 위를
걸고 넘어져야지,
뜬금없이 웬 폐?

일부 암 환자 조직의 온도가
정상 체온보다 낮은 경우는 있지만,
그건 질환의 결과지
원인이 아녀.

물보다 공기가 체온에
훨씬 직접적인 영향을 끼치는데,
그럼 에스키모인들은 전부
폐암을 기본 장착하고 다닌다더냐?

사람 몸이 얼마나
정교한 구조로 체온을 유지하는데,
겨우 물 한 잔에 체온이
오르락내리락한다고?

그리고 뭐?
우리 몸이 굳어?
돼지기름이 굳는 온도가
섭씨 30도 정도 되는데,

찬물을 마시고
체온이 이렇게 된다면
우리는 그냥 싸늘한 시체여.
내가 푹 끓여서 녹여줄게.

우리 전통 음식인 김치,
수정과, 식혜, 제호탕,
모두 차게 먹는 음식인데,
넌 지금 그것들을 함께
모독한 것이다.

민족주의적 관점에서도
이미 사람들이 널
살려두지 않을 것이다.

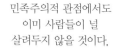

김치 까면 사실.

암 하니까 말인데,
찬물이 아니라 오히려 섭씨 65도를 넘는
뜨거운 차나 커피 같은 음료가
식도랑 위에 좋지 않은 영향을
끼칠 수 있다며 발암물질군에
올라가 있다고.

......

...

덜컥

?!

물맨 붉옥 온다!!

다음, 발… 바람이.
찬물, 더운물 나왔으니
다음은 뭐 미지근한 물쯤 되나?

그게…

위액이 염산인데
음양수에 염산을 타도
여전히 약효가 있나?

이미 위 속에
위액이 미지근하게 들어 있는데
괜히 더 따뜻한 물 잘못 부으면
독 되는 거 아닌가?

으으…

보너스 만화 「신상품 개발」

음…
물에 산소가 더 들어 있다고
팔린다면, 반대로 콜라에는
이산화탄소가 들어 있으니
체내 이산화탄소 양을 늘린다며
나쁘게 몰아간 다음 건강 음료를
팔 수도 있을 것 같은데….

아니다….
그러면 내가 지금 팔고 있는
건강탄산수랑 자가당착이 되잖아.
그래도 그냥 버리기엔
아까운 아이템인데….

…천연! 천연 탄산!
탄산수에는 천연 탄산이 들어 있고
콜라에는 인공 탄산이
들어 있다는 식으로 몰아가면…!!

이거다!!

유사과학 탐구영역

35. 콜라겐

이 만화는 특정 기업이나 상품을 특정하여 서술하거나 묘사하지 않습니다.

취이이이이 —

어차피 그냥 돼지껍데긴데 왜 이렇게 맛있는 거냐….

분명히 여기 양념에 비밀이 있어.

돼지껍데기가
돼지의 피부잖아.

피부 지방층에
수분이 갇혀 있다가,
수증기로 기화해서
한번에 폭발하듯 빠져나가면서
튀는 거지.

아니, 야!
뭐 먹는데 말 시키지 마라.
다 탄다.

…!

너무 디테일하게
설명하려니까 그러지.

콜… 콜라겐.

피부를 구성하는 콜라겐은
화장품에도 많이 들어 있어서
피부 탄력을 좋게 해준다면서요?

피부는 몸의 최전방에 해당하는 곳이지. 내부를 보호하기 위해 대부분의 외부 물질이나 미생물을 철저하게 차단한다고.

콜라겐 같은 커다란 분자가 피부에 침투할 정도면 온갖 세균이니 바이러스도 멋대로 드나든다는 건데, 당연이 말이 안 되는 소리지.

왜 대부분의 감염이 피부가 아닌 호흡기나 소화기관에서 시작되는지 생각해보라고.

그래. 그런 식으로 몇몇 물질만이 운 좋게 통과가 가능하지.

그래도 피부로 흡수하는 니코틴 패치 같은 게 있지 않나?

그런 것들은 대부분 위험한 '약'으로 취급되니 약국에서 구입해야 되고.

파스 같은 예외도 있지만.

아무튼 대부분의 화장품 성분은 각질층도 못 뚫는다고 보면 돼.

그렇구면.

뚫으면 그 순간 화장품이 아니라 의약품이고.

돼지껍데기는
콜라겐 아미노산의 흡수율이
10퍼센트 이하일 정도라고.

그렇기 때문에
소화도 잘 안 되고
흡수도 잘 안 되지.

다 익었어요!

으ㅋ

지글

지글

뭐, 콜라겐을
아미노산 단위로 아예 쪼개서
파는 상품도 있고,

도가니탕이나 사골국같이
콜라겐을 푹 끓여서 먹으면
그만큼 흡수율도
높아지지만…,

냠

문제는 이 콜라겐을
구성하는 아미노산은
필수아미노산이 아니라는 거야.

필수아미노산은
우리 몸에서 합성되지 않기 때문에
따로 먹어야 되지만, 다른 건
몸에서 직접 만들어
쓸 수 있거든.

우리 몸에서
콜라겐이 필요하면
직접 만들어 쓰겠지만,
따로 콜라겐을 먹는다고 그만큼
더 만들지는 않는다는 거야.

달걀이나 우유를
완전식품이라고 말하는 이유는
필수아미노산을 전부
포함하고 있기 때문이다.

177

뭐, 단백질 섭취가
어려웠던 옛날이라면 모를까,
지금과 같은 포식의 시대에
콜라겐 합성이 부족할 일은
없다고.

우걱 우걱

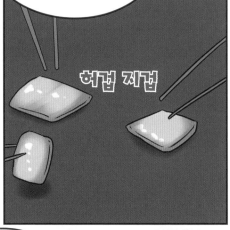

허겁 지겁

콜라겐이 인대 부상을
회복하는 데 영향을 준다는 말도
있지만, 어쨌거나 피부 탄력과는
관계없는 얘기지.

그럼 대신에…
돼지껍데기는 흡수가
잘 안 된다고 했으니
다이어트에는 효과적이지
않을까요?

집요하구먼.

냠냠

야, 이렇게 기름이
줄줄 흐르는데
그런 소리가 나오니?

애당초 피부 밑,
피하지방이야말로
가장 지방 저장이
쉬운….

?!

…어?!

밥상머리에서 말이 길면 굶주림을 면치 못한다.

기적의 논리

유사과학 탐구영역

36. 무세제 세탁용 볼

무세제
세탁용 볼

볼 안에 있는 4종류의 특수 세라믹 볼이 물을 분해해 알칼리 계면활성수로 바꾸어, 세제 없이 세탁을 할 수 있다.

각종 피부 질환과 아토피를 일으키는 화학 세제를 일체 사용하지 않기 때문에, 안전하며 친환경적이고 항균 효과가 뛰어나다. 또한 약 1000회 이상 재사용 가능하여 세제에 비해 훨씬 경제적이다.

음…
따로 세제를 안 써도
된다는 것도 좋고,

이런저런 효과까지….
참 좋은데….

…지나치게 좋은데?

무세제 세탁용 볼?

세제 없이도 깨끗하게
세탁이 된다고?

그런 게
있더라구요.

대체 무슨 원리인지
한번 보자고.

별 신기한 물건이
다 있네.
이런 기깔나는 게 있으면
일반 세제는 다
도태되는 거 아닌가.

클린 세라믹 볼과
이온 세라믹 볼이 있는데,
클린 세라믹 볼은 특수한 자기장을
띤 금속이 미세 전류와
원적외선,

자기력을 방출해
물 분자를 분해하여
알칼리 계면활성수를
만들어냅니다?

이온 세라믹 볼은 칼슘, 마그네슘 등의 풍부한 미네랄이 음이온을 공급해 물을 알칼리성 연수로 바꿉니다?

…그냥 이 세라믹 볼을 넣으면 따로 에너지 공급 없이도 물 분자가 분해된다고??

…이건 혁명이야. 빨리 알려야 돼.

여보세요? 선하 언니??

…?

있잖아요, 이거 엄청난 발견인데!

별도의 에너지를 하나도 공급 안 해도 물 분자를 쪼개는 혁명적인 신소재가 있대요!! 무슨 빨래용 볼이라던데….

미쳤음?

한 번 속지 두 번 속나?

엔트로피 거꾸로 돌리는 소리 하고 앉아 있네.

지난번 생광석 에너지도 그렇고 지구ㅇ…, 니들은 정신 나간 소리 아무렇지도 않게 막 하드라.

※28화-「생광석 에너지」편 참고

또한, 세라믹 분말은 제올라이트, 맥반석, 실리카, 산화알루미늄, 오산화인, 산화칼륨으로 구성되어 시드분말과 함께…혼합이 이루어지는 1군 세라믹 분말과, 시드 복합체(10)와 교감 및 혼합이 이루어지며 세라믹 볼의 성형이 이루어지도록…, 산화규소, 숯, 백금, 마그네슘, 탄소, 아연 및 알루미나로 이루어지는 2군 세라믹 분말로 구성된다.

…세라믹 분말에 포함된 산화칼륨 등이 수산이온을 내놔서 염기성이 되겠네. 그런데 칼륨이나 마그네슘이 있으면 그게 경수*지 왜 연수가 되나?

*칼슘이온이나 마그네슘이온 등 미네랄이 들어 있는 물을 경수(센물)라고 하며, 미네랄이 없는 물을 연수(단물)라고 한다.

그러면 일단 염기성이니까 세탁에는 도움이 되나요?

맹물보다야 낫겠지.

염기성 물질은 단백질을 분해하니까, 몸에서 나온 여러 오염 물질의 제거에는 확실히 효과가 있겠지.

그런데 염기성인 거 자체가 이미 자극적인 데다가, 원료 성분이 화학물질 그 자체인데 뭐가 무첨가라는 건지….

그리고 결국, 이 세탁용 볼은 옛날에 쓰던 양잿물이랑 똑같잖아.

왜 오늘날 양잿물을 세탁용으로 안 쓰겠어. 염기성인 것만으로는 기름때 같은 지방성 오염물은 제거하지 못한다고.

기름때요?

그래.
싱크대 배관을 막는
음식물 찌꺼기는 강력한
염기성 제품으로 녹여서
뚫을 수 있지만,

고기 굽고 남은 기름을
싱크대에 부었다가 굳었을 때는
그걸로 해결이 안 된다고.

친수성

Fat

소수성

인공 비누의 발명은
위생 상태를 개선하여
인구 증가에 엄청난
기여를 했다.

기름은 염기로
녹일 수 없으니까.
이때는 비누 같은 계면활성제를
사용해야지.

계면활성제는
물에 녹는 부분과
기름에 녹는 부분을 전부 가진
분자라서, 반은 기름에 붙고 반은
물에 붙어 기름을 작은 입자로
쪼개서 녹게 만들지.

별게 다 안 좋다고
그러지.

합성 계면활성제가
어쩌고 그러면서.

근데 계면활성제
피부에 안 좋다고….

계면활성제가 피부에
자극을 주는 건 그 성질 자체의
문제인데, 이걸 악의적으로 편집해서
천연 계면활성제가 더 안전한
것처럼 왜곡하고 있다고.

…아무튼 다시 세탁용 볼 이야기로 돌아와서.

설령 염기성 성분이 있다 해도, 이 세탁용 볼만 넣고 세탁하는 건 베이킹소다만 넣는 거랑 똑같아.

무세제 세탁용 볼을 사용했을 때 화장품 자국이나 음식 기름 자국 등이 지워지지 않는다는 불평이 많다.

세척력이 부족하니 기름때가 남아서 더럽고, 세균이 증식할 수도 있어서 세제보다 더 해롭지.

그럼 이 물 분자를 쪼개서 계면활성수를 만든다는 말은 뭐죠?

그건 새빨간 거짓말이야. 계면활성제는 물의 표면장력을 줄이고 거품을 만들어내는데, 이게 기름 제거의 핵심이거든.

물 분자를 어떻게 한다고 계면활성제가 되지도 않거니와,

계면활성제가 없으니 세탁용 볼만 넣고 돌렸을 때 거품이 일어나질 않지.

그리고 이런 제품들이 항균 작용 운운하면서 각종 균이 사멸한다는 실험 결과를 올려놓는데, 어차피 대다수의 균은 염기성이든 산성이든 다른 pH 환경에 노출되면 쉽게 죽어.

193

거기에 양잿물 효과가 조금 더해진… 딱 그 수준의 세척력만 기대할 수 있지.

우리 가족 생각한다면 난 훨씬 청결한 세제를 쓸 것 같은데.

그렇군요….

근데 아까 그 세탁용 볼 원료 중에서 이상한 걸 본 것 같은데….

이상한 거요?

여기서, 시드 분말은 토르말린, 게르마늄, 칼슘 산화물, 지르콘, 모나자 이트로 이루어지는 것으로, 2000 내지 4000메쉬가 되도록 분쇄된 분 말이 이에 해당한다.

모나자이트…?!

앞으로 음이온 타령하는 것들은 어지간하면 거르는 게 좋겠다.

그러게요….

※세간을 떠들썩하게 만들었던 모 침대의 음이온 방출용 코팅 재료. 방사성 라돈 가스를 발생시켜 문제가 되었다.

유사과학 탐구영역

37. 천연 비타민

이걸 어떻게 해야 하나… 어?

…진짜죠?

혜람이 언니다!

그렇다니까~.

이건 하나도 안 매워~.

으음….

197

아니, 오히려
합성 비타민이 몸에
나쁘다고도 하더라고요!

......

합성 비타민은
그냥 천연 비타민 분자를
흉내만 낸 거라서
체내에서 활성화가
안 된다고도 하고.

게다가
뭐였더라….

…합성 비타민은
정제 과정에서
유독한 용매가
남는다든가?

예! 그런 거요!

무시무시하고 사악한
돌연변이 GMO 옥수수로
만든다는 것도 빠지면
섭섭하지!

그리고 합성 비타민은
석유 찌꺼기인
타르로 만든다거나….

홱!

…?!

그런데 뭐 하는가?
천연 비타민 마케팅
경연 대회라도 하는 건가?

암튼 그런 식으로
요즘 합성 비타민 말고
천연 비타민을 먹어야 한다고
하는데,

…뭐, 상술에 대해
얘기하는 건 맞는데요.

아니,
저리 가요 좀.

하나하나
한번 따져보자고.

먼저 뭐였지?

합성 비타민은
천연 비타민을
흉내만 냈을 뿐
다른 물질이다?

아니…

이건…

물질의 가장
작은 단위가 원자고
그 원자가 결합되어
어떤 성질을 나타내는 단위가
분자인데,

200

주로 전분으로
합성하는데….

사악한
돌연변이 유전자조작
GMO 옥수수 전분!!

……

왜.
그게 우리 마케팅
제일 큰 무긴데.

…전 세계적으로
녹말을 가장 많이 공급하는
재료가 옥수수인데,

이 옥수수의 생산량
절반 이상이
GMO 작물이지.

GMO는 유전자가 달라.
이 유전자가 자연에 없는 변형된
단백질을 만들 우려가 있다고
주로 문제시되는데,

옥수수에서
순수하게 녹말만 뽑아
사용하기 때문에 단백질
문제랑은 전혀
관련이 없어.

이 녹말은 그냥
식물에서 얻든
GMO에서 얻든
똑같아.

심지어 그 녹말을 다시
비타민 C로 합성한다고.

203

…빈속에 비타민제를 먹으면
위장이 뒤틀리는 걸 느낄 수 있습니다.

으어어

그렇구나…

게다가
천연 비타민을 홍보할 때
주로 나오는 패턴이,
합성 비타민은 오히려
과다 섭취하면 몸에
유독하다는 거지.

하지만
합성 비타민이 유독하면
당연히 천연 비타민도 유독해.

한 북극 탐험대가
조난당했을 때, 북극곰을 사냥해서
간을 먹은 사람들이 대부분 사망하는
사건이 있었어.

북극곰의 간에 있는
고농도의 비타민 A를
너무 많이 먹어서
부작용이 나타난 거지.

북극곰의
간에 저장된 비타민 A는
합성이냐 천연이냐?

천연….

최근
천연 비타민 업계에서
들먹이는 비타민의
'체내 활성도'라는
개념도 말이 안 돼.

어차피
흡수하는 비타민 분자는
다 같은데 활성도에 차이가
날 일도 없거니와,

베타카로틴→비타민 A

비타민 중에는
아직 활성화되지 않은 형태와
활성화된 형태
두 가지로 나뉘는 게 있거든.

활성화된 분자인
비타민 A는 지나치게 먹으면
위험하지만,

활성화되지 않은 형태인
베타카로틴은 많이 먹어도
큰 부작용이 없지.

어차피 비타민은
필요할 때만
활성화되니까,
딱히 평소부터
활성화되어 있다고
더 좋을 게
없다는 말이야.

귤을 먹다 보면
손바닥이 노래지는 이유가
바로 베타카로틴 때문.

미국 임상종양학회의
한 논문을 들먹이며
합성 비타민이 발암률을
높인다고 호도하기도 해.

하지만 그 논문에서는
비타민 B를 추가로 먹으면
흡연에 의한 폐암 발생률이
낮아질 거라고 가정했는데,

실제로 실험해보니
비타민 B가 흡연자에게선
폐암 발생률을 더 높이는
결과가 나왔어.

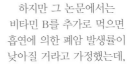

합성 비타민과
천연 비타민의 차이를
실험한 것도 아니거니와,
비타민의 추가 복용이 오히려
안 좋은 결과를
불러온다는 사실을
보여준 실험이라고.

최근
비타민 C 고용량 요법이
소개됐는데,

비타민 과량 복용의
의학적인 이득은 아직 확실하게
증명되지 않았어.
반면 그에 따른 부작용은
명확하지.

들어봤어요!

비타민 A는
너무 많이 먹으면 간독성에 의해
사망에 이를 수 있고,
비타민 C는 신장결석,
비타민 D는 고칼슘혈증 등….

너무 많은 비타민은
몸 밖으로 배출이 된다지만,
그 과정에서 몸에 그만큼
부담이 되거든.

대표적으로
나트륨도 마찬가지로
배출되기는 하지만,
그러는 동안 혈압이 높아지고
신장에 부담을 주니까.

어떤 성분이든 과량 섭취 시
문제를 일으킨다.
하다못해 물도 그렇다.
미국에서 물 마시기 대회
신기록을 세운 한 도전자가,
마신 물이 흡수되며 급격하게
혈중 이온 농도가 낮아져
사망에 이르기도 했다.

그러니까 결론은…

네.

식사를
밸런스 있게 잘하는 게
제일 중요하고,
그래도 정 불안하다 싶으면
그냥 아무 비타민제나
챙겨 먹어도 된다는 말이야.

옛다.
고추 씻어왔다.

가끔 진짜 청양고추 아닌가 싶은 자객 놈들이 꼭 하나씩 숨어 있음.

유사과학 탐구영역

38. 식품 내 유해 물질

이 만화는 특정 기업이나 상품을 특정하여 서술하거나 묘사하지 않습니다.

아니, 야…

분명 내가 점심거리 하게 오면서 빵이나 좀 사라고 그러긴 했지.

두

웅

묵직…

…대충 크루아상이나 한두 개쯤 사다주면 되는데, 이렇게 묵직한 걸 사오면 어떻게 하니.

저도 그러려고 했는데….

빵집에 들어갔더니 방금 구워진 베이컨 냄새랑 마늘, 소시지 냄새가 너무 끝내줘서,

정신을 차리고 보니까 벌써 저걸 사서 빵집을 나오고 있더라구요….

뭐… 나도 대충 무슨 말인지는 알 것 같은데.

요것이 입에서는 기깔나게 달겠지만

뱃속에선 겁나게 더부룩할 것이라

그야 맛있긴 엄청 맛있겠지….

근데 그렇다고 덥석 먹었다간 분명히 나중에 후회한다고.

…역시 몸에 엄청 안 좋겠죠?

어? 어어….

그렇다고 채소나 과일이 안전한가 하면 그것도 아니더라구요.

씻어도 농약 성분은 거의 남는다고 하고, 잔류 농약에서도 발암물질이 생긴다 그러고….

얼마 전에 TV에 장사하시던 할아버지께서 나와서는 채소도 무농약 유기농 채소만 찾아 먹어야 된다면서 뭘 홍보하시더라구요.

ON TV

그 영감이….

근데 유기농이 비싸기도 비싼데 다 같은 유기농이 아니라고 그러고, 보통 복잡한 게 아니더라구요.

뭐… 그런 유해 물질에 대한 걱정이야 오래전부터 이어져 내려온 것들이긴 한데,

델라니 조항

대부분의 향신료는
그 자체로 발암성이 있고
대부분의 발효 식품에서는
동물실험에서 종양을 유발한
에틸카바메이트가 발견되었으며,
과일 씨앗과 일부 식량용 작물에서는
청산배당체 등….

놀랍게도 사람들은
수많은 유해 물질을
일상적으로 먹었던 거야.

특히 가공육에서 시작된
아질산염 논란은 엉뚱하게
채소의 유해성 논란으로
옮겨 갔지.

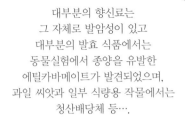

예?!

식물은 질산염 상태로
질소를 흡수하고
이 질산염은 우리 몸에서
아질산이나 니트로소아민으로
바뀌는데,

하루에 먹는 질산염의
72퍼센트는 채소에서 유래한다.

이렇게 우리가 채소로 먹는
질산염의 양이 가공육으로 먹는
양에 비해 압도적으로
많은 것으로 드러났지.

미국 성인 한 명이 일반적인 식사를 할 때
대략 하루 100밀리그램의 질산염을 섭취하는데,
채식만으로 열량을 충당할 경우 그것의 2.7배인
268밀리그램의 질산염을 섭취하게 된다.

당장 국내 기준 허용량에 맞게
햄이나 소시지에 사용된 질산염은
같은 무게의 상추나
시금치에 든 양의 36분의 1에
불과하거든.

가공육의 섭취가 대장암과 유의미한
관계가 있을지도 모른다는 논문이
있었습니다만, 이 논문은 정말 어떠한
탄수화물·채소의 섭취 없이 가공육만으로
식사를 했을 때의 연구 결과였습니다.
이 연구에서도 가공육을 적절한
탄수화물·채소와 함께 섭취하면 그
위험성이 거의 사라진다고 결론을 내리죠.

미국엔 가공육만 먹는 사람들이
드물지 않게 있더라고요.

우리는 이미 상상을 초월할 정도의 많은 유해 물질을 섭취하고 있었단 말야. 그리고 여러 연구의 결과 일정 효과를 나타내는 양 이하를 섭취했을 때엔 아무런 문제가 없는 것으로 나타났고.

아하….

그리고 먹어도 안전한 양보다 훨씬 적은 양을 첨가·섭취 허용 기준으로 정해서 엄격하게 관리하지.

아까 네가 말한 벤젠 파동은 음료수의 비타민 C가 보존료인 벤조산나트륨과 만나 미량의 벤젠이 발생해서 큰 논란이 된 건데,

조사 결과, 여기서 발생한 벤젠의 양은 바나나 한 개에 자연적으로 있는 벤젠의 양보다 적었어.

미국 FDA에서 70여 품목의 식품을 검사한 결과에 따르면, 슬라이스 치즈와 아이스크림을 제외한 전 품목에서 비슷한 양의 벤젠이 검출되었다.

그런 문제 제기는 30~40년대 미국에서 제조되는 가공식품의 위생 관리가 지나치게 허술하던 시기에 주로 나왔어.

이때는 상한 고기도 거리낌 없이 사용하고 제조 환경도 비위생적이기 짝이 없어서, 불량 콘비프 등에 의한 식품 사고가 많았다.

가공식품은 오랜 시간 동안 수많은 논란을 거쳐, 지금은 엄격한 감시와 통제를 받고 있기 때문에 상당히 안전하다고.

그렇구나….

반면 오래전부터 먹어오던
전통 식품은 오히려 그런
문제 제기가 적었기 때문에,
그 위험성이 저평가되는 경우가 많지.

예를 들면
고추나 팔각에 있는
캡사이신 등 자극성 성분들은
위와 식도를 자극해서
좋지 않고,

젓갈이나 야채 절임은
나트륨이 많아서 간과 신장에
안 좋은데도 대부분
건강에 좋은 슬로푸드로
홍보되거든.

훨씬
관대한 시선으로
본다는 말이야.

즉, 천연이니까
무조건 안전하다,
가공식품이니까 무조건 해롭다,
이렇게 속 편하게 나누는 생각은
틀렸다는 거야.

어떤 성분이 들었는지,
그 성분이 허용량보다
많이 들었는지,
따로따로 떼어놓고
판단해야 돼.

그리고 한국의 식품관리법과 관리 기준은
세계적으로도 가장 가혹한 편이라
어지간하면 신뢰해도 되고.

휴우···

그렇긴 한데,
그래도 너무 복잡하고
뭔가 불안하고···

그냥 안전한
유기농 채소나 먹고 살아야 되나,
그런 생각까지
하게 된다니까요.

예?!

그게 무슨
말이에요?!

···그런데
유기농 채소가 딱히
'안전한 채소'는 아닌데?

실제로 한국에선
회충 감염이 거의 사라졌었는데,
유기농 산업의 성장과 함께
감염률이 늘어나는 것으로
조사됐지.

미국과 유럽에서는
유기농 채소에 있는
병원성 대장균이 해마다
평균 2만 명의 환자와 250명의
사망자를 내고 있고,

북미와 일본에서는
살모넬라균에 감염된
알팔파나 무의 새순을 먹고
2만 명의 설사 환자와 11명의
사망자가 발생하기도 했지.

사실 세균의 개념이
없던 중세까지는
이런 사고가 굉장히 흔했어.

균에 감염된 호밀을
먹은 사람이 환각·발작을
일으키면서 심하면 죽음에까지
이르게 하는 맥각병은
중세 유럽에서 굉장히
흔한 병이었지.

그리고 식물도
자체적으로 살충 성분을 만들고
똑같이 사람에게 해를 끼치지만,

병충해를 겪지 않으면
대를 거듭하며 서서히
이 성분의 합성이 줄어들거든.

그러나 유기농으로 인해
다시 병충해에 노출되면
살충 성분도 다시 합성하는데,
대를 거듭하며 다시 합성량이
점점 늘어나게 된다고.

이러한 '천연' 살충 성분은
잔류하는 농약 성분보다 훨씬 많다.

유사과학 탐구영역

39. 사카린, 아스파탐

이 만화는 특정 기업이나 상품을 특정하여 서술하거나 묘사하지 않습니다.

헬로~.

나 되게 오랜만에 민화에 나와서 그러는데, 쟨 상태가 왜 저 모양이냐?

원솔이 오빠? 안녕하세요!

으어어.

혜람이 언니 저번 주에 병원에 갔다 왔는데….

검사 결과가
나왔다.

그딴 흰소리
하고 있을 때가 아녀!
갑자기 느낌 째해서
검사해보길 잘했지.

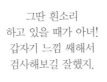

…잡상인 할아범,
댁 의사였어요??

젊은 놈이 벌써
혈당치가 왜 이래!?
당뇨일지도 모르니까 굶고
내일 한 번 더 와봐!

?!

예?!

그래서 몇 번
검사를 받아봤는데
혈당 수치도 엄청 높고 간 기능도
약화되어 있다고 그래서,

요즘
식사 관리하는
중이래요.

푸하하하!!

아무튼, 그래서 설탕이나 과당이 들어간 건 못 마시고 궁여지책으로…

오랜만~.

응?

…아니, 웬 다이어트 콜라?

그게….

쟤 콜라 근본주의자라 오리지널 아니면 절대 안 마시잖아.

정말
별로다….

…

싫다….

그러고 보니
제로 칼로리 음료수는
왜 0칼로리죠?

사카린?!

?!

뭐… 설탕 대신에
다른 감미료를
쓰기 때문이지.

사카린이나
아스파탐,
아세설팜칼륨….

사카린이라면
분명 옛날에 한창 해로우니 어쩌니
논란이 됐던 합성 감미료죠?
무슨 암을 유발했다는 말도 있는데….
아, 그래서!

이렇게
실험의 문제점이 밝혀지고
여러 연구가 계속되어 2000년대 들어서
사카린은 누명을 벗었고,

2010년에는 아예
유해 물질 목록에서
빠지고 하루 권장 섭취량
제한도 없어졌지.

아하….

2011년에 미국에서는,
과학이 아닌 단순 여론에 의한
잘못된 규제의 대표적인
사례로 사카린이 언급되기까지
했다고.

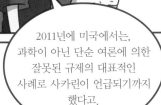

아스파탐도
마찬가지지.

아스파탐은 무슨
뇌 중추신경계를
손상시킨다고….

그래.
아스파탐 분자를 이루는
페닐알라닌에 관한
이야기지.

페닐알라닌은
꼭 섭취해야만 하는
필수아미노산인데,

평범한 사람들은
이게 몸에서 남아돌면
티로신이라는 다른 아미노산으로
바꾸어 저장하지.

문제는
선천적으로 이 기능을
수행하지 못해서 몸에
페닐알라닌이 누적되는 병을
가진 사람들이야.

이 사람들은
페닐알라닌을 과다 섭취하게 되면,
그게 뇌를 비롯한 중추신경계에 축적되고
손상을 일으켜서 심각한
결과를 가져오거든.

하지만
일반적으로는 전혀
문제될 이유가 없다고.

그래도 혹시
페닐알라닌 때문에
문제가 생길 수 있으니까,
아스파탐도 웬만하면
피하는 게 좋지 않나요?

…페닐알라닌은
굉장히 흔해서 여기저기
정말 많이 들어 있는데?

예?!

하다못해
쌀밥에도 들어 있다고.

특히 아시아권에서는 글루텐에 의한
셀리악병보다는 페닐알라닌 대사장애인
페닐케톤뇨증이 더 흔한데도,
글루텐 프리 식품은 범람하면서
이쪽에 대한 관심은 거의 없다.

그래서 이런 문제 때문에
저단백 밥이나 특수 분유 등이
나오고 있다고.

그러면 네 말은
페닐알라닌이 걱정되니까
우리 민족 고유의 주식인
쌀을 피해야 된다,
이 말이냐?

혹시 지금 신성한 쌀밥을
공격하는 걸로 내가
받아들여도 되는 부분이냐,
이거?

아… 아뇨!

쌀밥과 김치는
절대 비판해서는 안 되는
신성한 그 무엇이다.

근데, 그러면 왜…
평소에 다이어트 콜라는
안 마신다고
하셨던 거예요?

참고로 아스파탐은
대사 과정에서 10퍼센트 정도가
메탄올로 변해서 유해성 논란이 제기되었으나,
워낙 적은 양이 생성되는 데다가
그 아스파탐 자체도 엄청 적은 양을 쓰기 때문에
(너무 달아지니까) 문제가 없다고
결론이 내려진 상태입니다.

맛이 없어!

아… 네.

사카린은 뒤에 미묘한 쓴맛이 나서 입맛을 버리는 데다가,

아스파탐은 기본적으로 그 단맛 자체가 뭔가 좀… 얄딱구리한 그 뭐라 말하기 힘든 요상한 단맛을 내기 때문에 별로 맛이 없고 찝찝함이 남는다고.

?

얄딱… 뭐요?

유사과학 탐구영역

40. 잡상인 라이즈

내가 나고 자란 곳은
강원도 산속
외딴 마을이었다.

어딜 가나 산과 숲뿐
아무것도 없는 동네였지만,
어렸을 때는 왠지 그게
그렇게도 좋았다.

그래서 나중에
도시로 이사를 가게 되었을 때
도심의 복잡함에 놀라고 말았다.

가서 볼 곳도 많고
가게도 정말 많았지만,
그래도 원래 살던 산속의
그 외딴 마을이 더 좋았다.

하지만
도시에서 학창 시절을 보내고
대학까지 마친 다음에도
여전히 시골에 내려갈 기회는 없었다.

염원하던 의사가 된 다음에도
한동안 큰 병원에서
고용살이를 했기 때문이다.

언젠가 독립해서
내 병원을 가진다면…,

그런 생각을 갖고 일하기를 몇 년.
오랜 시간이 흘러 어느 정도
돈이 모이고서야 난 시골로
내려가는 길을 택할 수 있었다.

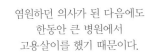

진짜로.

도시 임대비가 너무 비싸서,
차라리 그 돈이면 아예 시골에
온전히 내 병원을 사버리는 게
훨씬 싸게 먹혀서 그런 건 절대 아니었다.

저 으리으리한
검사 기구들을 두고
왜 놀림?

…어르신 댁에
트랙터 있던데,
고추밭 잡초 뽑을 때
왜 그거 안 쓰시죠?

그런 종류의 일들은
사실 그렇게 힘든 경우에
들어가진 않았다.

의사로서 정말
견디기 힘든 일들은
따로 있었다.

나면서부터 몸이 약했던
딸을 둔 어느 가정에서는…

딸을 위한다며 상황버섯을 비롯해
여러 영험하다는 약재들을 달여서
먹었던 모양이다.

하지만 약해진 간이
그 약재들에서 나오는
독한 성분들을 감당해낼 수 없었고,
급기야 급성 간부전에 걸려
위급한 상태로 병원에
왔던 것이다.

당연히 이 작은 동네 내과 의원에서
치료할 방법이 있을 리 만무했고,
간단한 응급조치만 취한 후
근처 큰 병원으로 실어 보낼 수밖에 없었다.

또 어느 집에서는 오랫동안
어떤 지병을 앓아온 여성이 있었는데,
그 여성이 찾아간 곳은 병원이 아니라
근처의 유명한 치료 수련원이었다.

진료할 기회가 없어서
무슨 병이었는지도
알 방법이 없었다.

명상과 금식으로
체내의 병마와 독소를 끄집어내야 한다며,
병약한 환자에게 제대로 된
영양 공급조차 해주지 않았다.

그러다가 위급해지니
마지막에 찾은 것은 결국
병원이었다.

그러나 이미
손을 쓰기 어려운 단계까지
이르러 있었고,
큰 병원으로 옮겨졌지만….

그러고도 답답한 점은,
그 여성의 남편을 비롯해 동네의 많은 사람은
단순히 수련원을 온전히 따르지 못해서
치료에 실패했을 뿐, 그곳의 자연 치유법이야말로
가장 올바른 치료법이라고 말한다는 것이었다.

산골에 위치한 작은 동네라 그런지
그런 건강 장사꾼의 소문이 퍼지면
빠르게 마을 전체를 장악해나갔다.

독감 예방접종이
보건소에서 무료라네~.

어휴 이런 거 아무 소용없어~.
이걸 맞아도 감기에 걸리는 걸 보면
아무 효과도 없는데,
무슨 제약회사에 돈 벌어다준다고
아무 쓸모도 없는 짓 하는 거여.

독감이
독한 감기 아녀?

아니, 어르신!
독감과 감기는 달라요!
혹시 모를 독감을 막기 위해서
예방접종은 꼭 받으셔야 합니다!

풍욕 치유를 한다며
열이 펄펄 끓는 아이에게
찬바람을 쐬게 하거나,
온갖 이름 모를 풀과
버섯을 달여 마시다가
간을 망치거나….

참으로 아이러니한 점은,
조금이라도 더 가족에게 좋은 치료를
제공하기 위해서 더 힘들게 시간과
노력을 들이면서도, 결과적으로는
몸을 더 아프게 만든다는 것이었다.

그러다가 결국 위급해지면
그때서야 병원을 찾았다.

그런 식으로 여러 번
환자들을 대형 병원으로 실어 보내거나
아니면… 떠나보낸 후,
난 서서히 무력감에 지치기 시작했다.

옛날처럼 열정적으로
환자들을 살피지 않게 되었다.
기계적으로 그저 진료를 하고
처방을 내릴 뿐….

『유사과학 탐구영역』을 재밌게 읽어주시는
모든 독자님께 다시 한번 감사드립니다.
이번 총 20화의 이야기로 두 번째 시즌,
책으로는 제2권이 마무리됩니다.

이어지는 시즌도 기대해주세요.
감사합니다!

여러분 안녕하세요, 계란계란입니다! 이번에도 제 만화를 봐주셔서 감사합니다. 『유사과학 탐구영역』 2권입니다! TV에 나오는 광고에 따르면, 온 세상이 공포의 도가니입니다. 우리가 먹는 음식은 무시무시한 화학물질투성이며, 마시는 음료 에는 사악한 설탕·포도당·액상과당이 있고, 하다못해 물 한 잔을 마셔도 찬물 은 폐암을 유발하니(!) 위험하다고 합니다. 그렇게 두려운 것들을 피해 건강을 지키려면, 우리는 자연에서 얻은 안전한 천연물로만 만든, '그 광고들에 나오는' 상품을 사서 먹거나 마시지 않으면 안 된다고 합니다.

찬물 한 잔도 마음대로 마시면 안 된다니, 너무하는 것 아니냐는 생각이 듭니 다. 세계 각지에서 오랜 옛날부터 일상적으로 마셔온 것이 우물에서 갓 길어낸 시원한 냉수 한 잔이었을 텐데 말입니다. 우리나라의 옛 설화 중에는 이런 이야 기도 있습니다. 고려를 건국한 왕건이 우물가에서 한 여인에게 물 한 바가지를 부탁했는데, 그 여인은 왕건이 혹여나 체할까봐 버들잎 한 장을 띄워줬습니다. 왕건이 감복하여 그 지혜로운 낭자와 천년배필이 되었다고 합니다. 이때 그 여인 이 길었던 물은 (끓이지 않고 바로 줬으니) 찬물이었겠죠? 찬물이 몸에 해롭다면, 뜨거운 물을 섞어 미지근한 물을 줬어야 했을 텐데….

기존에 쓰던 것이 위험하니 자기네 상품을 써야만 위험을 피할 수 있다고 광 고하는 걸 '공포 마케팅'이라고 하는 모양입니다. 이번 2권에서는 그런 공포 마케 팅을 주로 다루어보았습니다. 요즘 건강 장사꾼들이 말하는 수많은 거짓 위험에 휘둘리지 않는 데에 조금이라도 도움이 되었으면 좋겠습니다.

끝까지 읽어주셔서 감사합니다!